AF489210

# BIENVENUE
## dans *l'espace*

Appartient à :

-----------------------------------------------

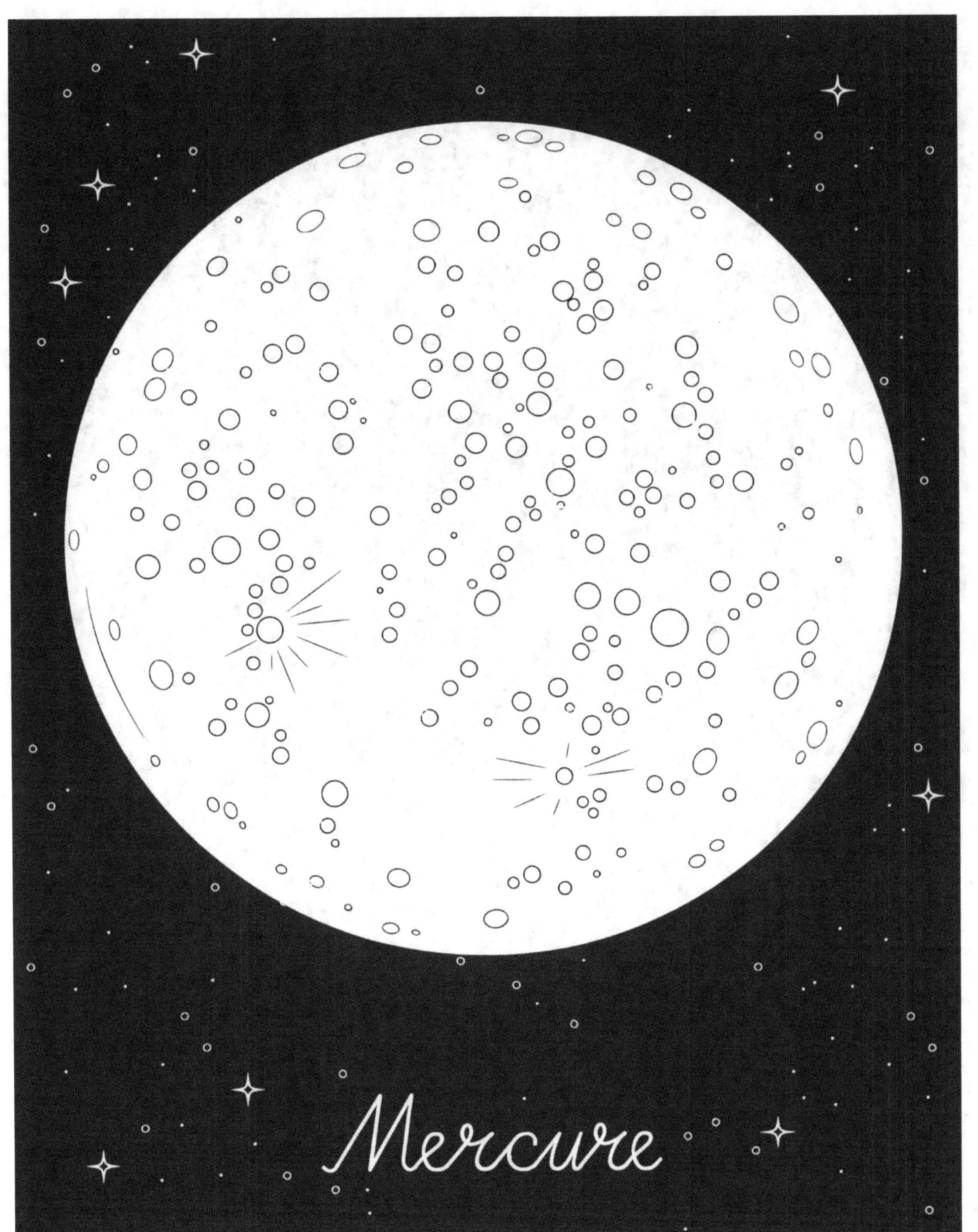
Mercure

Venus

La Terre

Mars

jupiter

Saturne

Uranus

Neptune

Pluton

Astéroïde

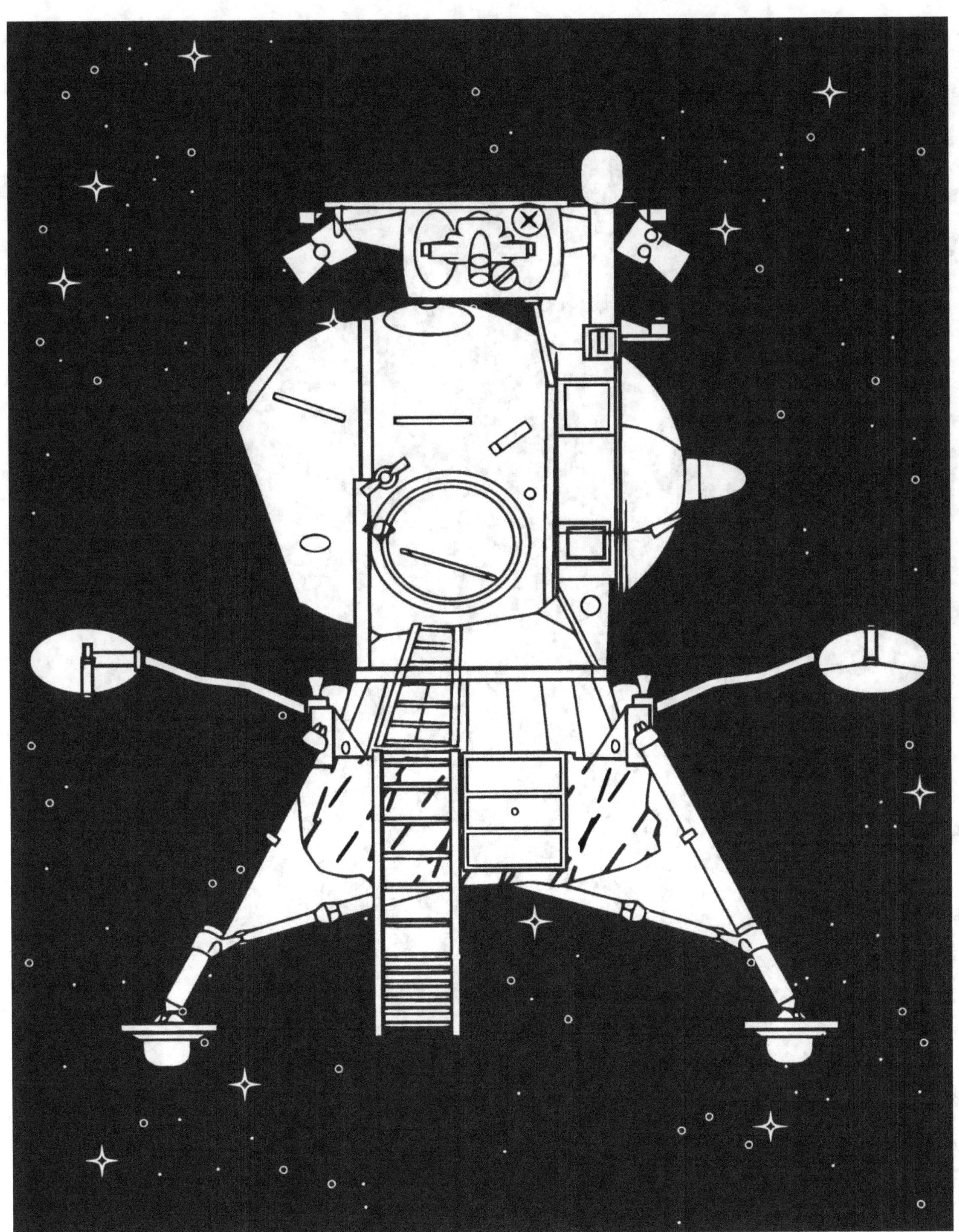

USA

ESPACE

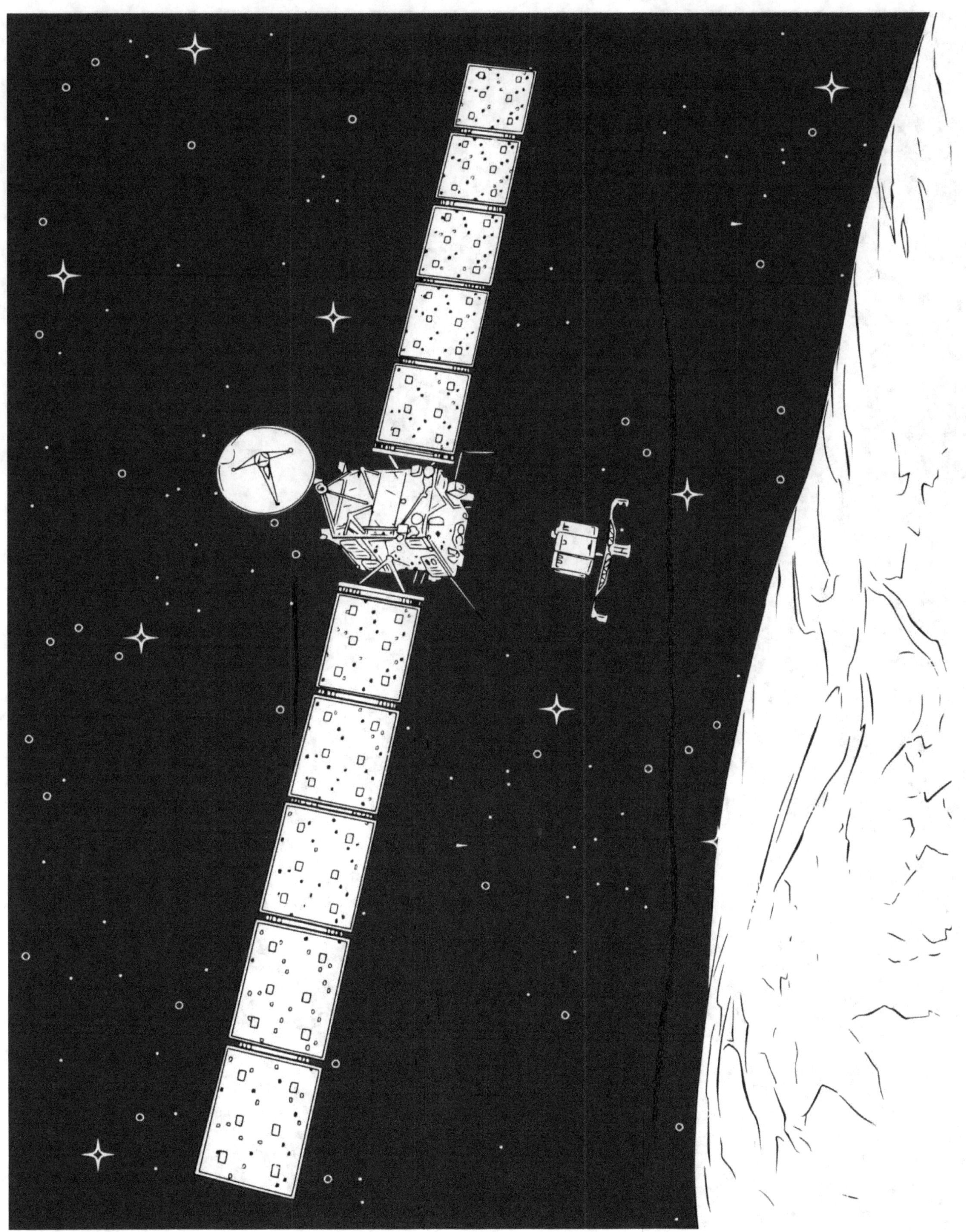

SALLY
NASA

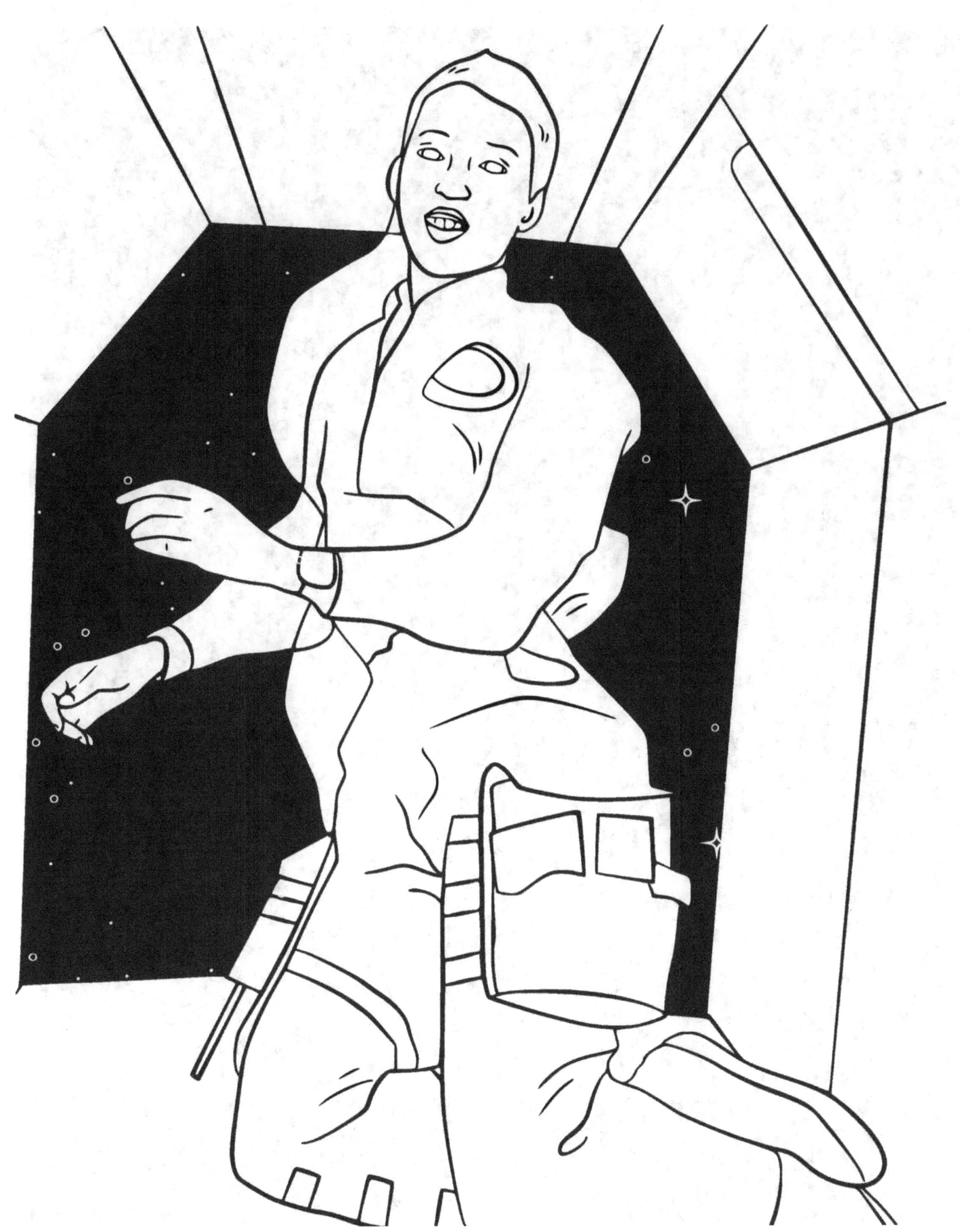

www.ingramcontent.com/pod-product-compliance
Lightning Source LLC
Chambersburg PA
CBHW082102130726
48003CB00009BA/2960